Discovery Education 探索·科学百科（中阶）

# 3级C2 雨林宝库

全国优秀出版社
全国百佳图书出版单位　广东教育出版社　学乐

中国少年儿童科学普及阅读文库

# 探索·科学百科™ 中阶

## 雨林宝库

3级C2

[澳]安德鲁·恩斯普鲁克◎著

董晓宇(学乐·译言)◎译

Discovery EDUCATION™

全国优秀出版社
全国百佳图书出版单位
广东教育出版社

广东省版权局著作权合同登记号

图字：19-2011-097号

本书原由 Weldon Owen Pty Ltd 以书名*DISCOVERY EDUCATION SERIES · Rain Forest Riches*

（ISBN 978-1-74252-188-6）出版，经由北京学乐图书有限公司取得中文简体字版权，授权广东教育出版社仅在中国内地出版发行。

图书在版编目（CIP）数据

Discovery Education探索·科学百科.中阶.3级.C2，雨林宝库/[澳]安德鲁·恩斯普鲁克著；董晓宇（学乐·译言）译. 一广州：广东教育出版社, 2014.1

（中国少年儿童科学普及阅读文库）

ISBN 978-7-5406-9367-1

Ⅰ.①D… Ⅱ.①安… ②董… Ⅲ.①科学知识—科普读物 ②雨林—生物—少儿读物 Ⅳ.①Z228.1 ②Q-49

中国版本图书馆 CIP 数据核字(2012)第162200号

Discovery Education探索·科学百科（中阶）
## 3级C2 雨林宝库

著 [澳]安德鲁·恩斯普鲁克　　　译 董晓宇（学乐·译言）

**责任编辑** 张宏宇　李　玲　丘雪莹　　**助理编辑** 蔡利超　于银丽　　**装帧设计** 李开福　袁　尹

**出版** 广东教育出版社

　　地址：广州市环市东路472号12-15楼　　邮编：510075　　网址：http://www.gjs.cn

**经销** 广东新华发行集团股份有限公司　　　　　　**印刷** 北京顺诚彩色印刷有限公司

**开本** 170毫米×220毫米　16开　　　　　　　　　**印张** 2　　　　**字数** 25.5千字

**版次** 2016年5月第1版　第2次印刷　　　　　　　 **装别** 平装

ISBN 978-7-5406-9367-1　　　定价 8.00元

内容及质量服务 广东教育出版社 北京综合出版中心

　　　　电话 010-68910906 68910806　　网址 http://www.scholarjoy.com

质量监督电话 010-68910906 020-87613102　　购书咨询电话 020-87621848 010-68910906

# 目录 | Contents

# 雨林是什么

雨林是通常分布在赤道附近温暖潮湿气候下的密林。雨林的标志是高大的树木，多姿多彩的动植物，以及丰沛的雨水。雨林是动植物的天堂，这里的物种比世界上其他任何地方都要丰富。

雨林分好几种：热带雨林湿度很高，全年降雨量分配均匀，没有很干爽的季节；季雨林的季节分两种——雨季和旱季——树木往往是落叶的；温带雨林不像其他森林那么稠密，并且树是常绿的。人们在不同类型的地区都发现过雨林，有些在山区，有些在河谷，还有些在平原。

## 消失的进程

在1800年，雨林覆盖着地球上30亿公顷的土地，而到了2009年，只剩下14亿公顷了。

**动物名录**

雨林是多种多样的生物的家园。它们有的飞行，有的滑行，有的爬行，有的打洞，有的游泳。

1. 森蚺 (rán)
2. 安乐蜥
3. 巴西貘 (mò)
4. 巨蝮
5. 水豚
6. 动冠伞鸟
7. 翡翠树蚺
8. 黑掌蜘蛛猴
9. 巨犰狳
10. 角雕
11. 麝雉
12. 美洲豹
13. 蜜熊
14. 二趾树懒
15. 红吼猴
16. 网状箭毒蛙
17. 侏食蚁兽
18. 小食蚁兽
19. 厚嘴巨嘴鸟
20. 树蛙
21. 树豪猪
22. 斑马纹蝶

1800年，世界上的雨林

2009年，世界上的雨林

# 不同的群落层次

木棉的叶子

雨林的样子取决于你看它的角度。树顶的生物和下层的生物非常不同。雨林的顶层被称做露生层。最高的树木凌驾于雨林的万物之上。它们具有蜡质的宽叶，以抵御阳光的直射和大风的吹袭。

露生层之下是冠层，由大量大树构成。雨林的冠层是世界上动植物物种多样性最高的地方。冠层之下是林下层，阳光稀少。最底下是雨林的地面层，由于几乎接收不到阳光，非常阴暗潮湿。

藤本植物

雨林的露生层和冠层能接收到足够的阳光，地面层几乎没有阳光。

蕉叶

菌类

## 露生层

这一层由高出冠层的最高的树构成，例如高达46米的木棉。这些树间隔很远，是飞得很高的鹰、蝴蝶和一些猴子的家园。

## 冠层

由于有丰富的阳光和食物，雨林中这层的物种多样性最高。许多动物生活在这里，终生不接触地面。冠层的树枝常覆盖着厚厚一层藤本植物。

## 高度变化

在露生层，植物的高度为30~75米。冠层植物高度为18~40米，林下层植物会长到18米高。

## 林下层

这层接收到的阳光非常少，很潮湿，空气流动性极小。这里的植物，例如香蕉树，往往长出很大的树叶，以尽可能捕捉零星的阳光。

## 地面层

雨林的地面层能接收到的阳光太少了，几乎没有什么植物能在此生存。它主要是菌类的家园，菌类以动植物的尸体为生。

## 你知道吗？

从上面看的话，冠层看起来像是厚厚的一堆树木，但实际上枝条间并不相互接触或重叠。它们相互间保持一定的距离，以避免生病。

# 冠层

雨林的冠层是种类繁多的动植物的家园，它们倚赖抵达这一层的阳光为生，在树叶间能找到食物、水分和庇护处。

附生植物是冠层中的一类常见植物。附生植物的种子在寄主的树干或树枝上萌发，然后像寄生植物一样在其他植物上生长。和寄生植物不同的是，它们不会从寄主那里获取养分，他们从雨水和空气中获得水分，从各种资源，例如死去的昆虫、动物排泄物、尘土以及空气中漂浮的碎屑里获取养分。

## 纠缠和绞杀

绞杀无花果树是一种附生植物，它从寄主高处的枝条上开始它的生命。鸟把它的种子带到寄主身上，根沿着寄主树干向下长到土壤里，最终以木质的"紧身衣"包住寄主的树干。这个"紧身衣"使得里面的树木无法再向外生长，于是寄主便死去，腐烂，只剩下它自己矗立在那里。

根沿着树干朝下长。

把树干包在"紧身衣"里面。

杀死了里面的树木，只剩下它自己矗立在那里。

## 从顶部看

雨林中的许多动物都很享受它们世界中的这种俯视的视野。在高高的冠层，它们吃树叶、种子、果实和蜜。

## 附生植物

这棵适蚁植物是一种附生植物，它给蚂蚁提供了一个家。蚂蚁则提供死去的昆虫和排泄物作为营养来回报给它。

## 藤本植物

茂密的藤从露生树木上垂下，和冠层树枝纠缠在一起。

## 凤梨科植物

这类附生植物一天能收集8升水。这些水会吸引动物和昆虫，这样它们就把排泄物留在这棵植物上，供它生长。

## 参天大树

露生层的植物从冠层冒出，足有20层楼那么高。

**1** 吼猴
**2** 绯红金刚鹦鹉
**3** 蜘蛛猴
**4** 巨嘴鸟
**5** 凤尾绿咬鹃

**白蚁**

这些昆虫吃树皮和其他植物碎屑。白蚁丘营养丰富，和土壤融为一体。

# 地表

昏暗、潮湿、清凉的雨林地面层和冠层非常不同，生活在这里的植物稀少，不需要太多的阳光。它们都长着大叶子，以便尽可能捕捉到一丝漏下来的阳光。

雨林地面的土壤天生贫瘠，不过地面覆盖着死去的动植物的残体，残体被昆虫、细菌和真菌分解，养分会释放到土壤里，继而被植物的根迅速吸收。

**食物来源**

昆虫有助于分解死去的植物，而且它们本身也是鸟类的食物。

**死去的和活着的**

这棵树死了，不过它全身到处都长着鲜活的生命，真菌和细菌慢慢地分解着它，从死去的细胞内释放出养分，最终这段木头会被彻底分解，靠它的营养支撑起来的新植物会取代它的位置。

**分解者**

雨林地面上长着许多真菌，它们有助于分解植物残体和动物的粪便。

# 生命的循环

死去的动植物被真菌、细菌和昆虫分解，养分释放到土壤里。在树根上生长的真菌帮助树根吸收可用的养分。

活着的植物

死去的植物

真菌

养分被释放到土壤里

细菌

粪便和死去的动物

活着的动物

## 迅速分解

温暖、潮湿的环境加速了雨林地面上动植物尸体的分解。

## 植被

由于这里阳光极少，所以这里的植被比人们想象的要少得多。

## 动物的生活

在雨林地面爬行的动物能找到树皮、种子、木头和叶子充饥。

# 附生植物

照 到雨林地面的阳光极少，这意味着那里植物难以生长。附生植物解决了这个问题，它们长在冠层或露生层高大树木的枝干上。它们的种子在树枝或树干上萌发，然后从这里开始生长。

　　藤本植物、蕨类和凤梨科植物都附生在高大的树木上，不过他们一般不会伤害这些树。

## 伸向阳光

　　藤本植物通过多种方法到达有阳光的地方。它们能用卷须勾住树枝，盘绕在上面，或者吸附在树枝上。

钩子

卷须

盘绕

有吸附盘的须

## 附生簇

　　不同类的附生植物可以簇生在冠层或露生层的树枝上。

## 蓄水池

一些凤梨科植物的叶子构成了一个蓄水的小池塘。动物被吸引到这里来，喝水或产下幼虫。它们的碎屑和排泄物就成了这株植物的营养。

## 负鼠

这类哺乳动物在凤梨科的小水池中饮水，吃虫子。

## 睫毛蝰（kuí）蛇

这条蝰蛇在水边瞄准了那只负鼠，准备把它作为自己的下一顿饭。

## 卵和幼虫

这只蚊子用一个"筏"把它的卵产在凤梨科植物的"水池"里。这"水池"也是蝌蚪和其他昆虫幼虫的家。

## 兰科植物

附生植物中有一类是兰花，它们是雨林中的常见成员。这类植物很受园艺师的青睐，因为它们开花长达半年之久，而且容易照料。

蝴蝶兰

# 鸟类

雨林冠层居住着一些世界上最有趣的、各式各样的鸟，它们的形状、大小，尤其是颜色令人眼花缭乱。其中许多种类，包括一些隼、鹰、秃鹫、鹦鹉和猫头鹰，只分布在亚马逊和印度尼西亚的雨林中，它们占了鸟的所有种类的半数。

作为鸟类中的典型现象，雨林中的雄鸟比同种的雌鸟颜色和鸟羽更艳丽。雄鸟通过炫耀这些资本以获得雌鸟的关注。

## 无上荣光

雨林中的许多鸟类有炫目的羽毛、冠羽和颜色图案。维多利亚凤冠鸠头顶上有鲜艳时髦的冠羽，动冠伞鸟有一个形状奇特的、亮红色的冠，巨嘴鸟有明亮的眼圈。

## 绯红金刚鹦鹉

这种鹦鹉在南美雨林冠层筑巢。它们群居生活，每小时可飞行56千米，能活过50岁。

## 混在一起

人们常说，物以类聚。但热带雨林中的情况不总是如此，一大群不同的鸟类可以凑在一块享用充裕的水果和昆虫。

动冠伞鸟

鞭笞巨嘴鸟

维多利亚凤冠鸠

**寻求关注**

    一只雄性蓝色天堂鸟全力以赴地吸引一只雌鸟。它倒悬着，展开翅膀，抖松胸部的羽毛，展示它那两条长长的黑色尾羽。雄鸟们聚集在一起展示自己，看谁能比得过谁。

# 哺乳动物

雨林是哺乳动物的家园。哺乳动物大都胎生，并给幼仔哺乳，例如人类。许多哺乳动物进化成为出色的攀爬者，这样它们就能在冠层的树枝间生活。最优秀的攀爬者通常是体积最小的动物，因为它们最轻。

## 侏儒狨 (róng) 猴

在亚马孙雨林中，生活着世界上最小的狨猴——侏儒狨猴。它的身长总共14厘米，不过如果把尾巴算上的话，长度就变成原来的两倍多。侏儒狨猴白天很活跃，以昆虫、小动物、水果和树液为生。

## 虎猫

和其他猫类一样，虎猫擅长攀爬，这有助于它们捕猎鸟类。虎猫因睡在低处的树枝上而闻名。

## 麝 (shè) 袋鼠

澳大利亚东北部的雨林中生活着世界上最小的袋鼠。实际上它们像兔子一样跳跃，而不像袋鼠那样只用后腿蛙跳式前进。它的特别之处还在于，它的第一个脚趾和其他几个脚趾相对，其他有袋类动物也有这样的特点，但其他袋鼠没有。

## 猩猩

这种灵长类动物是雨林中最大的树栖哺乳动物，但它们也因此易受捕食者的攻击，因为它们很显眼。

## 小食蚁兽

这种食蚁兽的尾巴很适宜抓握和攀爬树木，它们能够卷在树枝上以保持稳定。蠕虫般的舌头和黏性唾液使它们能够吃到虫子，它们主要吃蚂蚁和白蚁。

## 树懒 (lǎn)

这种三趾树懒呈现出绿色调，这是因为它的毛发上长着藻类。它们以行动缓慢著称，一周仅为了排泄而下地面一次。它们睡觉的时候，爪子牢牢地抓着树枝，甚至死后也仍然吊在树上。

### 蓝闪蝶

这种蝴蝶的翅膀表面反射蓝光，因此具有蓝色外观。不飞的时候，它就合起翅膀停下，这样就不容易暴露给捕食者。

### 避役（变色龙）

避役靠配合环境改变肤色来隐藏自己。它的双眼可以独立活动，互不干涉，不用转头就能观察各个方向的状况。

### 萤火虫

这种昆虫靠腹部发光来吸引配偶。光一明一暗地闪烁。在泰国的一些地方，萤火虫成群地呆在红树林里，荧光同步闪烁。

### 树懒蛾

这种蛾子生活在树懒蓬乱的毛上面。当树懒爬到森林地面上时，雌蛾便在树懒的粪便里产卵，然后回到树懒的皮毛上。

### 蛙

雨林潮湿的环境非常适合蛙类。大多数蛙在地面上的水坑里产卵。有些蛙生活在地上，有些爬在树上。

**翡翠树蚺（rán）**

这种蚺在树上伏击鸟类、啮齿类动物，甚至猴子。当猎物靠近时，它用尖牙咬住猎物，然后用身体缠绕，使猎物窒息。

# 昆虫类，爬行动物和两栖动物

雨 林中昆虫的数量绝对多于其他动物，这也意味着那里同样有很多诸如爬行类和两栖类这样捕食昆虫的动物，更不用说以这些食虫动物为食的捕食者了。

**凯门鳄**

这种水陆两栖的食肉动物是短吻鳄的亲戚。它潜在水里，用眼、耳、鼻搜寻食物。

**箭毒蛙**

这种蛙明亮的肤色在提醒你，"走开，我有毒"。它把孩子们背在背上生活。

# 原住民

**数**千年来，原住民在雨林深处生活。直至今天，数百万雨林的居住者仍从他们周围的环境中获取食物，寻求庇护。然而，当雨林被毁，这些人以及许多动植物，都将失去他们的家园和生存基础。

原住民面临着来自外界的巨大压力，外界垂涎雨林中的资源。许多人发现，在与外界开展联系的同时，很难再保持他们传统的部落生活方式。

### 钦布人

钦布部落是巴布亚新几内亚中部高地的原住民，在这些部落中，男性和妇女、孩子分开住。不过现在，男人们大多和自己的家庭住在靠近咖啡园的房子里。

## 亚诺玛米人

南美洲最大的原住民群体之一。尽管受到来自现代世界的压力，亚诺玛米人仍保持着他们传统的生活方式。亚诺玛米村落的生活以公社屋子为中心。这是个用藤本和茅草编织起来的圆柱形建筑，中间用来住人，这种建筑叫做亚诺。

一个亚诺玛米孩子在他部落里的家中

### 伊班人

伊班人是婆罗洲的原住民。传统上他们住在长屋里，长屋是一种将家庭单元连接在一起的建筑。

### 姆布蒂人

刚果民主共和国的雨林中生活着姆布蒂人，有时也被称做俾格米人。他们15至60人组成一个群体共同生活。

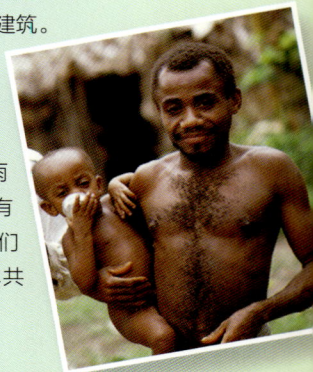

**卡雅布人**

少量存余的卡雅布人生活在亚马孙地区的欣古河边。他们以战斗勇猛闻名，使用和现代世界的农民相似的土地管理方法，例如给土壤施肥，轮作等。

# 雨林危机

在过去的几百年中，世界人口大爆炸和技术的迅速发展，使得人们可以轻易毁掉千年雨林。人们贪图雨林中的资源，但并没有足够的保护意识，这导致雨林处在前所未有的危机之中。

## 原始雨林

与世隔绝的雨林维持着自己健康的生命周期和生长，然而，数百年的生长成果能够在瞬间被人类毁掉。

## 扰动平衡

雨林系统是很复杂的体系，是由许多不同的生命形式构成的一个精妙的平衡网络。当人类扰动了这个平衡，例如砍倒了最高的树，就可能毁掉整个雨林系统，甚至再也无法恢复。

**1 火**
雨林经常被开垦土地的农民焚烧。

**2 木材**
雨林中仅部分木材比较贵重。价格低的木材就被烧掉，或者做成纸浆。

**3 作物歉收**
雨林土壤质量之差众所周知，种在上面的作物很快就衰亡了。

**4 河流**
起保护作用的树木没有了，雨水冲进河里，带走了泥土。

**5 油棕**
商业种植园取代了雨林，人们种下经济作物，例如油棕。

## 耕作

农民在贫瘠的土壤上种植作物。土壤迅速退化，一至两年后就无法再耕作了。

## 木材

砍下的树木堆在地上。随着时间的推移，树木渐渐腐烂，其储藏的碳以二氧化碳的形式释放出来。

**1**

**2**

**3**

## 清理地面

树木被砍掉后，根、树桩和林下植物被焚烧一空，以清理地面。这么做也会把木头中储藏的碳以二氧化碳的形式释放出来。

# 雨林宝藏

在仅占地球 7% 的土地上，雨林孕育了世界上一半的植物种类。许多植物是提供食物和药物资源的珍宝，其中一些我们已经很熟悉，还有一些有待发现。这是我们要保护雨林的最重要的原因之一。另外，谁知道这里还潜藏着什么秘密，等着有朝一日以崭新的方式帮助人们？

## 食物多样性

人类只吃这星球上 7.5 万种可供食用的植物中的几十种，这使得食物供应容易遭病害威胁。不止一次，来自雨林的植物挽救了在地球某处被病害袭击了的农场。

原本生长在雨林中的菠萝

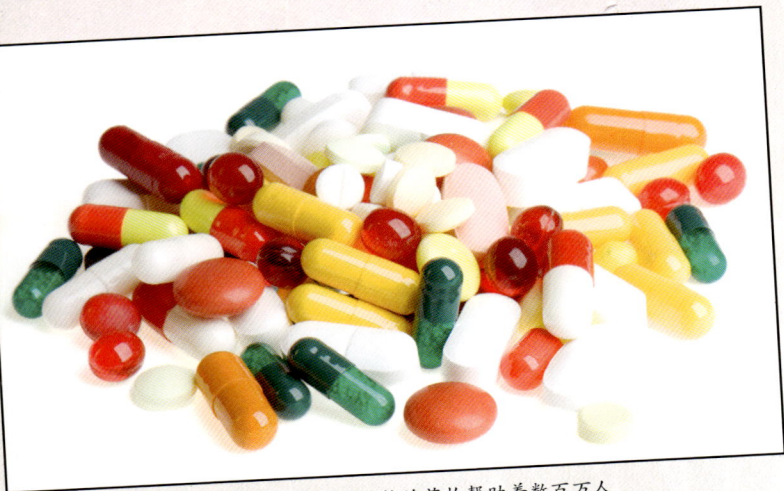

每年，来源于植物的药物帮助着数百万人

## 雨林药物

雨林植物是四分之一的现代药物的来源。植物提供的治疗物涉及方方面面，从蛇咬、中毒，到皮肤病和头疼。即使这样，我们也只测试过不到百分之一的雨林植物的医疗效果。

# 丰富的水果和蔬菜

来自于雨林的植物每天都出现在我们的餐盘中

原产自雨林的食物种类非常惊人，列表非常长而且包含了很多常见的食物。其中有鳄梨、腰果、番石榴、黑胡椒、椰子、无花果、柑橘类水果（诸如橙子和柠檬）、香蕉、玉米、甘薯、丁香、香草和巧克力等。事实上，现代社会的人们所吃的食物 80% 都发源于雨林。

## 雨林报道
### 得而复失的艾滋病药物

1991 年，研究人员在一种特别的马来西亚桉树的树枝中找到一种物质，可以阻止艾滋病毒在人类细胞间的扩散。生物学家们返回马来西亚想再取一些，但是这棵树已经不在了——它被砍掉了。后来再没有发现哪棵树有同样的特性。

从一种雨林植物中找到的艾滋病治疗方法，就这样从研究人员的手中溜走了。

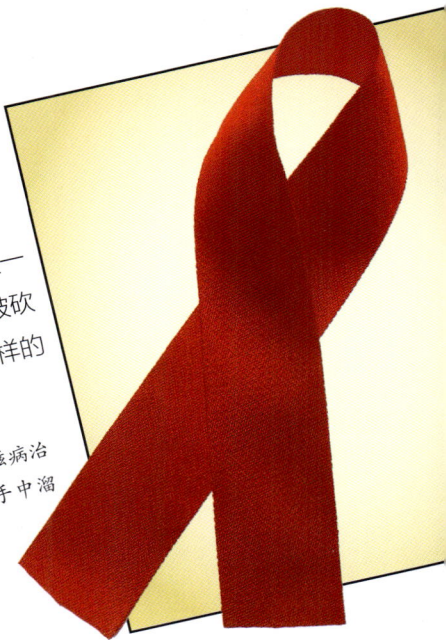

**7%** 世界上7%的地表为雨林所覆盖，但这个数值正在下降。它现在只占最初的20%左右。

**25%** 现代社会大约25%的药物来自雨林，而且持续有更多的药物被发掘出来。

**28%** 28%的氧气转换是在雨林植物中进行的。这也是像亚马逊雨林这样的地方被称做"地球之肺"的原因。

**40%** 林冠层的40%由藤本植物组成。那里长着超过2 500种藤本植物。

**50%** 世界上50%的动植物物种生活在雨林中。

**80%** 现代世界80%的食物最初生长在雨林里。

**88%** 热带雨林的常见湿度是88%。

# 雨林档案

1公顷雨林=750类树木+1500种植物

## 水果

雨林中至少发现过3 000种不同的水果。现代人们经常食用的只有200种，森林里的原住民食用2 000多种。

## 昆虫

雨林中的昆虫比其他动物都要多。例如，一群行军蚁中有多达200万个个体，这个数量轻而易举地就超过了比它们大的昆虫和其他动物。

## 雨滴的速率

雨林中的植被太密集，以至于落在冠层的雨水得过10分钟才能到达地面。

10

9

8

7

6

5

4

3

2

1

0

# 知识拓展

**腹部(abdomen)**
　　昆虫身体的最后一部分或脊椎动物的胃部区域。

**两栖(amphibious)**
　　既在水里又在陆地上生活。

**凤梨科植物(bromeliad)**
　　雨林冠层中长着的一种附生植物，有长长的硬叶。

**冠层(canopy)**
　　雨林的一部分，主要由树的顶端构成。

**食肉动物(carnivore)**
　　吃肉为生的动物。

**气候(climate)**
　　特定地区，一段较长时期内的天气状况，由温度、降水、风和气压等因素来表示。

**分解者(decomposer)**
　　引起动植物分解的有机体。

**露生(emergent)**
　　描述一些物体从另一些物体中浮出或突出。

**附生植物(epiphyte)**
　　长在另一棵植物上的植物。

**常绿的(evergreen)**
　　叶子一直是绿色的，并且叶子有功能的时间超过一个生长季的树。

**真菌(fungi)**
　　包含酵母、霉菌、蘑菇、伞菌在内的生物的总称。

**萌发(germinate)**
　　抽芽或者开始生长。

**本土的(indigenous)**
　　某个地方天然的或者原产的。

**幼虫(larvae)**
　　一些动物的未成熟形态。

**哺乳动物(mammal)**
　　一类有脊椎的动物，用乳汁哺育它们的幼仔，多数情况下胎生。

**季风(monsoon)**
　　一种持续的季节性的风，常常带来大量的雨水，一般发生在南亚。

**兰花(orchid)**
　　一类以美丽著称的有花附生植物。

**鸟羽(plumage)**
　　鸟的羽毛，包括颜色和式样。

**捕食者(predator)**
　　吃另一种动物的动物。

**灵长类(primate)**
　　包括狐猴、猴、大猩猩和人类的一类动物。

**爬行类(reptile)**
　　一类冷血动物，包括蜥蜴、蛇、乌龟和鳄鱼。

**白蚁(termite)**
　　一种很像蚂蚁的、吃木头的昆虫。

**藤本(vine)**
　　靠攀爬、缠绕附着在其他东西上，而不是用茎来支撑自己的植物。

# 探索·科学百科™

## Discovery EDUCATION™

世界科普百科类图文书领域最高专业技术质量的代表作

### 小学《科学》课拓展阅读辅助教材

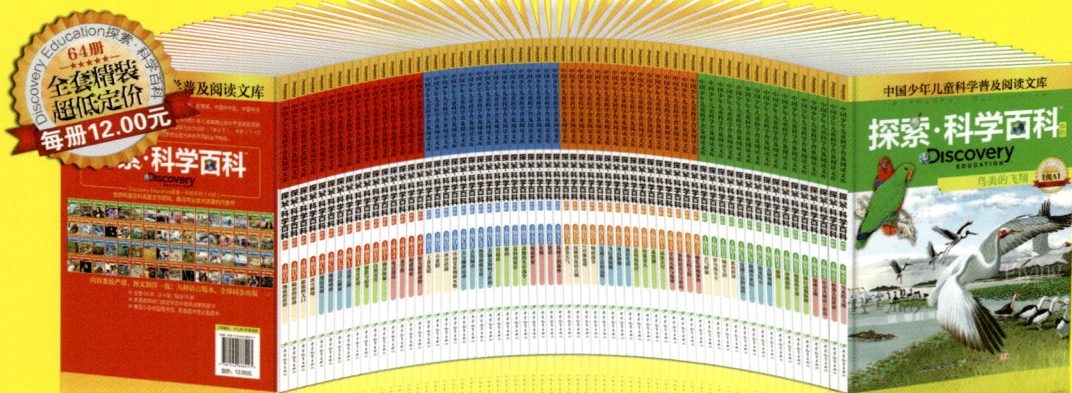

64册
全套精装
超低定价
每册12.00元

Discovery Education探索·科学百科（中阶）丛书，是7~12岁小读者适读的科普百科图文类图书，分为4级，每级16册，共64册。内容涵盖自然科学、社会科学、科学技术、人文历史等主题门类，每册为一个独立的内容主题。

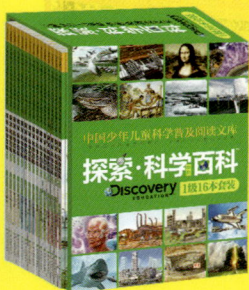

Discovery Education
探索·科学百科（中阶）
1级套装（16册）
定价：192.00元

Discovery Education
探索·科学百科（中阶）
2级套装（16册）
定价：192.00元

Discovery Education
探索·科学百科（中阶）
3级套装（16册）
定价：192.00元

Discovery Education
探索·科学百科（中阶）
4级套装（16册）
定价：192.00元

Discovery Education
探索·科学百科（中阶）
1级分级分卷套装（4册）（共4卷）
每卷套装定价：48.00元

Discovery Education
探索·科学百科（中阶）
2级分级分卷套装（4册）（共4卷）
每卷套装定价：48.00元

Discovery Education
探索·科学百科（中阶）
3级分级分卷套装（4册）（共4卷）
每卷套装定价：48.00元

Discovery Education
探索·科学百科（中阶）
4级分级分卷套装（4册）（共4卷）
每卷套装定价：48.00元